どうぶつの足がた

これはどうぶつの 足がたです。
（赤ちゃんではなく、おとなの足がたです。）
自分の 手や足と くらべてみましょう。
指や形は どうなっていますか？
わたしたち人間と にた形はありますか？

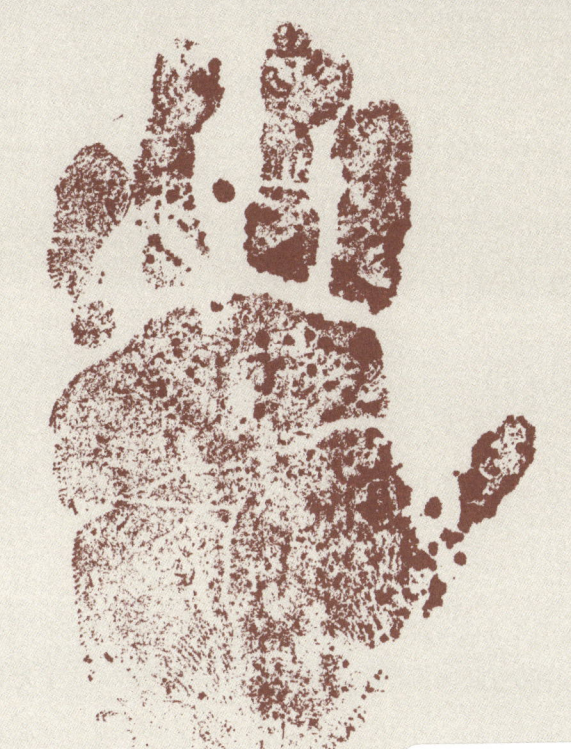

サル（ニホンザル）
左前足

人間と同じように 指先に
もよう（指もん）があります。

キツネ（キタキツネ）
左前足

やわらかい肉のふくらみ（肉球）は、
クッションの やくめを しています。

コアラ
右前足

人さし指が おや指と同じむきに つい
ています。この2本と ほかの3本の指
の間で えだを にぎります。

監修のことば　｜　増井光子（ますい みつこ）

　自然の中には130万種以上の生き物がいるといわれ、それぞれ異なる暮らしをしています。このシリーズでは、樹上で生活するコアラをはじめ、特徴的な体をしたゾウ、キリン、また、極寒の地で暮らすシロクマ（ホッキョクグマ）、アザラシ、日本にも広く生息しているキツネやサルを取り上げ、赤ちゃんが育つ様子を紹介します。

　動物はその暮らす環境に合わせた、行動や体つきをしています。わたしたちの感覚からすると、暮らしていくのは大変だろうと思われる、寒い海洋や高い樹上などでも、実際に暮らす動物にとっては、不便のないようにできているのです。

　そこで生まれた赤ちゃんは、親や仲間に見守られながら生きていく術を学習していきます。自然界には赤ちゃんを狙う外敵もたくさんいますし、洪水、干ばつなどの気候の変化もあります。何を食べ、どのようにして危険を避けるのか、すべては赤ちゃんのそばにいる親や仲間を通して身につけていくのです。

　動物によっては同時にたくさんの兄弟が生まれたりしますが、みんな無事におとなになれるとは限りません。厳しい自然界で生き抜くためには、まず体が丈夫でなければなりません。群れの中でおとなにまじって歩いたり、仲間同士で遊ぶのは、体を丈夫にし、敏しょう性や社会性を養うのにとても大切なことです。

　いま、わたしたち人間がもたらした地球温暖化の影響で、動物たちの生息地が暮らしにくくなってきています。特に、寒い海にすむ動物たちにとっては深刻な問題です。わたしたちは、自分たちの都合ばかりではなく、地球上にすむ多くの生き物たちのことも思いやっていかねばなりません。

1937(昭和12)年、大阪生まれ。麻布獣医科大学獣医学部獣医科卒業。獣医学博士。1959年より東京都恩賜上野動物園に勤務し、1985年には日本で初めてのパンダの人工繁殖に成功。1986年にはその育成にも成功する。1990年多摩動物公園園長、1992年上野動物園園長に就任、1996年退職、同年麻布大学獣医学部教授に就任。1999年より、よこはま動物園ズーラシア園長に就任。そのほか、兵庫県立コウノトリの郷公園園長(非常勤)を務めた。2010(平成22)年没。
主な著書に「動物の親は子をどう育てるか」(学研)、「動物が好きだから」(どうぶつ社)、「60歳で夢を見つけた」(紀伊國屋書店)。 監修に「NHK生きもの地球紀行(全8巻)」(ポプラ社)「動物たちのいのちの物語」(小学館)、「動物の寿命」(素朴社)などがある。

ちがいがわかる 写真絵本シリーズ

どうぶつの赤ちゃん

増井光子＝監修

キツネ

金の星社

キツネは　ちきゅうの
北半きゅうに　すんでいます。
海岸や　高い山、さばくのような
ところにも　すんでいますが、
森林と草原が　入りくんだところが、
キツネにとって
すみやすい　かんきょうです。
北海道にすむ　キタキツネは
1月から2月に、
雪におおわれた草原で
オスとメスが　出会い、
けっこんします。

けっこん後、おなかに 赤ちゃんの やどったメスは、
すみやすそうな場所をさがして、巣あなを つくります。
地面をほった トンネルがたの 巣あなのほか、岩のわれめや
たおれた木のすきまなどに すむことも あります。
巣あなは 1つではなく、さまざまな場所に

いくつか　つくっておきます。
赤ちゃんが　おなかにいる期間は　およそ60日です。
その間に　巣あなのじゅんびも　すっかり　ととのい、
いよいよ　出産が近づいた　メスは　巣あなに　こもります。
3月から4月のことです。

キツネは　3びきから6ぴきの　赤ちゃんを
うみます。生まれたての　赤ちゃんの体重は
およそ100グラム。
ニワトリのたまご2こ分ほどの　重さです。
これから1か月の間は、ここで
おかあさんの　おちちを　のんで　そだちます。
赤ちゃんたちに　つきっきりで　せわをする
おかあさんに、食べものを　はこんでくる
おとうさんも　います。
ノネズミや　鳥、は虫るいや　虫のなかま。
それから、くだものや　木の実などのしょくぶつも
キツネの　こうぶつです。

この写真はキタキツネと同種であるアカギツネです。

生まれたとき　とじていた目は、
2週間ほどで　ひらきます。
生まれてから　1か月ほどたつと
赤ちゃんは、はじめて　巣あなの外に　出てきます。

目は ひらいていますが、まだ はっきりとは 見えていません。

おとなは 赤茶色の 毛をしていますが、
赤ちゃんは 黒っぽく、尾の先だけ
ちょこんと 白くなっています。顔つきも 目も
丸っこく、まるで子イヌのようです。

巣あなから　出てくるようになると、
赤ちゃんは　外でおちちを　のむようになります。
巣あなの中では　おかあさんは
ねころんでいましたが、
外では　立ったままの　しせいです。
きけんが　ないか、まわりに　気をくばっているのです。
1日に　5回ほどある　おちちの時間になると、
おかあさんは「クックック」と　ないて、
赤ちゃんたちを　よびます。
赤ちゃんたちは、おしあい　へしあいしながら
おちちを　のみます。
おなかが　いっぱいになった子は、
まだ　のんでいない子に　場所をゆずります。

おちちを のみおえると、

おかあさんに たっぷり あまえます。

せなかに のったり、鼻を すりよせたり、

おかあさんの 耳を かるく かんだり。

りっぱな ふとい尾に じゃれたりもします。

おかあさんは やさしく目を ほそめて、

赤ちゃんたちの されるままに なっています。

赤ちゃんたちは たいようの 光に あふれた
外のせかいが めずらしく、たのしいことを
さがしに いきたくて うずうずしています。
しかし、少しでも 巣あなのそばから はなれると、
おかあさんや おとうさんに つれもどされてしまいます。
外のせかいは、赤ちゃんたちにとって
まだ きけんが 多いからです。
少しずつ 出かけてよい きょりは のびますが、
そこから 少しでも はみ出すと おかあさんの
「ギャーン」という 大きな声で よびもどされます。

キツネは 小さなむれでくらす どうぶつです。
たいていは おとうさん おかあさんと、赤ちゃんたち
という家族ですが、前の年に生まれた おねえさんギツネが
くわわることもあります。
おかあさんは おちちを やることのほか、
赤ちゃんの 体を なめて せいけつにしたり、
うんちを 出やすくしたりと こまめに
赤ちゃんの せわをします。
おねえさんギツネが いる場合は、おねえさんも
赤ちゃんたちの せわを 手つだいます。
食べものを はこんできたり
赤ちゃんたちの あそびあいてになる
おとうさんギツネも います。

生まれてから　2、3か月すると、
黒っぽかった毛が　あわい茶色になり、
顔つきも　キツネらしく　とがってきます。
おとうさんや　おかあさんが　そばに　いなくても
巣あなの　外で　あそべるようになり、
きょうだいどうしで
くたくたに　なるまで　あそびます。
おいかけっこをして　ふざけたり、
おたがいの尾を　こっそり　ねらって
とびつく、たたかいごっこも　大すきです。
おなかを　上にして　ねころがる「まいった」の
合図で、たたかいごっこは　おわります。

おなかをすかせた　赤ちゃんたちのために、
おとうさんや　おかあさんは、
食べものを　かりに　出かけます。
生まれて２、３か月の　このころには、
赤ちゃんたちは　おちちの　ほかに
おかあさんたちが　はきもどし、
やわらかくなったものを　食べるようになっています。
えものを　そのまま　食べる力が　ついてくると、
そろそろ　ちちばなれの　ときです。
でも、ひとりで　かりをする力は
まだありません。

まちにまった　おみやげの
えものを　食べます。

生きたヘビを　おかあさんにもらい、
かりのれんしゅうを　しています。

生まれてから　3か月ほどたち、夏のはじめを　むかえると、
風にそよぐ草や　チョウ、鳥のはねなど
うごくものを　むちゅうになって　おいかけるようになります。
じつは　このあそびは、かりの　うごきに　にています。
キツネの　かりは、地面をうごく

きょうだいで あそぶことも ジャンプの れんしゅうになります。

えもののかすかな音をきき、高くジャンプして、
ま上から えものを おさえつける ほうほうです。
赤ちゃんは 自分でも 知らないうちに
かりの れんしゅうを しているのです。
そして、バッタや ノネズミなどを つかまえはじめます。

うごくもので　あそぶようすを　見ていた
おとうさんや　おかあさんは、それまで　るすばんだった
赤ちゃんたちを　つれて　巣あなを　はなれ、
いどうを　はじめます。
自分たちの　すむ　かんきょうを　見せるためです。
休むところを　かえながら、あちこち見せて歩き、
ふだん　おかあさんが　歩き回っている場所の
はずれまで、赤ちゃんたちを　つれていきます。
赤ちゃんたちにとっては　はじめての　遠出です。

生まれてから 5、6か月が たちました。
夏も おわりに 近づいています。
赤ちゃんたちは おとなと 同じくらいの 大きさになり、
毛の色や 顔つきも おとなっぽく なっています。
でも、まだ おかあさんに なめてもらったり、
かまってもらうのが 大すきです。
おかあさんも あまえて すりよってくる子を
やさしく なめて かわいがります。

夏がおわり、秋の風が ふきはじめるころ、

いつものように あまえようとした

赤ちゃんにむかって、

おかあさんは 口を大きくあけ、かみつこうとします。

おどかされて　びっくりした　赤ちゃんは
「ギャーン」とひめいを　あげて、にげさります。
ひとりだちの　しゅん間です。
1ぴきずつ、こうして　わかれていくのです。

にげていったオスの子は
そのまま　もどってきませんが、
メスの子の中には　にげていっても
また　もどってきてしまい、
ついに　そのまま　おかあさんの　そばで
くらす場合も　あります。
そして　つぎの年の　春に　生まれる
いもうとや　おとうとの
子もりを　手つだうのです。

解説　里山に暮らす身近な野生動物──キツネ

　キツネといえば通常アカギツネを指すことが多く、日本の本州から南の地域で暮らすホンドギツネ、北海道のキタキツネも、種はアカギツネです。ホンドギツネとキタキツネでは、キタキツネのほうが毛色が淡く、体つきが大きめです。また、毛皮獣として知られたギンギツネ（シルバーフォックス）も、アカギツネの毛色が変わったものです。

　キツネは世界にもっとも広く分布するほ乳類のひとつです。北アメリカからユーラシア大陸、オーストラリアなど、北半球のほぼ全域で見られ、半砂漠や高山、海岸など、どんな環境にもすむことができます。ヨーロッパなどでは「アーバンフォックス」と呼ばれる住宅街にすむキツネもいます。空き家などの人工物を巣に利用することも珍しくありません。

　日本でも昔から多くの物語に登場したり、「きつねうどん」などと料理の名前になったり、お稲荷さんとして祭られたりしてきたことからも、いかに身近な動物だったかがうかがえます。自然が多い場所では、今でも見かけることができ、イヌと間違われることも多いのですが、尾が長く立派なこと、とがった顔つきなどからキツネだとわかります。

　キツネは、肉食の傾向が強い雑食性の動物です。ノウサギやノネズミ、は虫類や虫などの小さな生き物や、クワの実などの果実、トウモロコシのような穀物を食べています。食べ物が少ない冬場は、狩った獲物を雪の貯蔵庫に埋めて隠し、何日にも分けて食べるようなこともあります。雑食性とはいえ主に肉食ですから、狩りを教えることは子育ての重要なテーマのひとつです。親ギツネは、最初は自分の胃で消化しかけた肉を吐きもどし、離乳食のように与え、次の段階では獲物をそのまま与えたり、生きた獲物を子ギツネに渡して、狩りの練習をさせます。子ギツネが自分で狩りをするようになるのは、早くて生後２、３か月からですが、個体差もあります。

　ほ乳類のおよそ９割は、メスだけで子育てを行いますが、キツネはオスも子育てに協力する動物であるといわれてきました。しかし調査がすすみ、子育てをしないオスもいることがわかってきました。前の年に生まれ、親離れをしなかったメスが子育ての手伝いをしたり、血縁のない若いオスが参加しているなど、家族の形態はさまざまです。２組の母子が同じ巣穴で暮らし、お互いの子の世話を共同でしている場合もあります。

ちがいがわかる　写真絵本シリーズ

どうぶつの赤ちゃん

増井光子＝監修　小学校低学年～中学年向き

きびしい自然に生きる親子の絆を美しい写真で紹介。やさしい文章で、いろいろな動物の成長過程が学べ、シリーズを通して育ち方のちがいをくらべられます。貴重な動物の足がた（実物大）も掲載。

【第1期シリーズ全7巻】

ライオン　か弱い赤ちゃんが、たくましく育っていく過程から、肉食動物の成長を学習します。

シマウマ　生後まもなく立ち上がり、走り回るなど、草食動物にそなわった優れた能力を学習します。

パンダ　単独で生活するパンダの母子の絆や、特殊な食生活に適応した体のしくみを学習します。

ゴリラ　人間に近い赤ちゃんの成長を通して、穏やかな森の暮らしや群れのルールを学習します。

カンガルー　母親の袋で育つカンガルーのふしぎな成長過程を知り、有袋類の特殊な生態を学習します。

イルカ　海のほ乳類、イルカの成長を通じて、その優れた能力や、動物の環境適応力を学習します。

ペンギン　卵から生まれ育つ鳥類のコウテイペンギンを取り上げ、その子育てについて学習します。

【第2期シリーズ全7巻】

コアラ　半年間も母親の袋ですごすコアラの成長を通じ、有袋類のふしぎな生態を学習します。

ゾウ　女系の群れの中で生まれ、守られながら育っていくアフリカゾウの成長を学習します。

キリン　マサイキリンを取り上げ、生後すぐの様子など、草食動物が力強く生きていくすがたを学習します。

サル　日本の四季を背景に、ニホンザルの赤ちゃんの誕生からひとりだちまでを学習します。

キツネ　北海道のキタキツネを取り上げ、家族の強い結びつきや、ひとりだちの儀式を学習します。

シロクマ　シロクマとよばれる、ホッキョクグマの母子の絆や極寒の地に適応した生態を学習します。

アザラシ　生後たった2週間でひとりだちをするタテゴトアザラシの成長の秘密を学習します。

【編集スタッフ】
編集／ネイチャー・プロ編集室
（三谷英生・川嶋隆義）
文／宮崎祥子
写真／ネイチャー・プロダクション（目黒誠一）・Minden Pictures
図版協力／小宮輝之（キツネ足跡）・恩賜上野動物園・埼玉県こども動物自然公園・多摩動物公園
協力／よこはま動物園ズーラシア

装丁・デザイン／丹羽朋子

ちがいがわかる　写真絵本シリーズ　どうぶつの赤ちゃん
キツネ

初版発行　2007年3月　第6刷発行　2011年10月
監修――増井光子
発行所――株式会社 金の星社
〒111-0056 東京都台東区小島1-4-3
TEL 03-3861-1861(代表) FAX 03-3861-1507
振替 00100-0-64678
ホームページ　http://www.kinnohoshi.co.jp
印刷――株式会社 廣済堂
製本――株式会社 福島製本印刷
NDC489　32ページ　26.6cm　ISBN978-4-323-04112-4

■乱丁落丁本は、ご面倒ですが小社販売部宛ご送付ください。送料小社負担にてお取替えいたします。
©Nature Editors, 2007 Published by KIN-NO-HOSHI SHA, Tokyo, Japan.

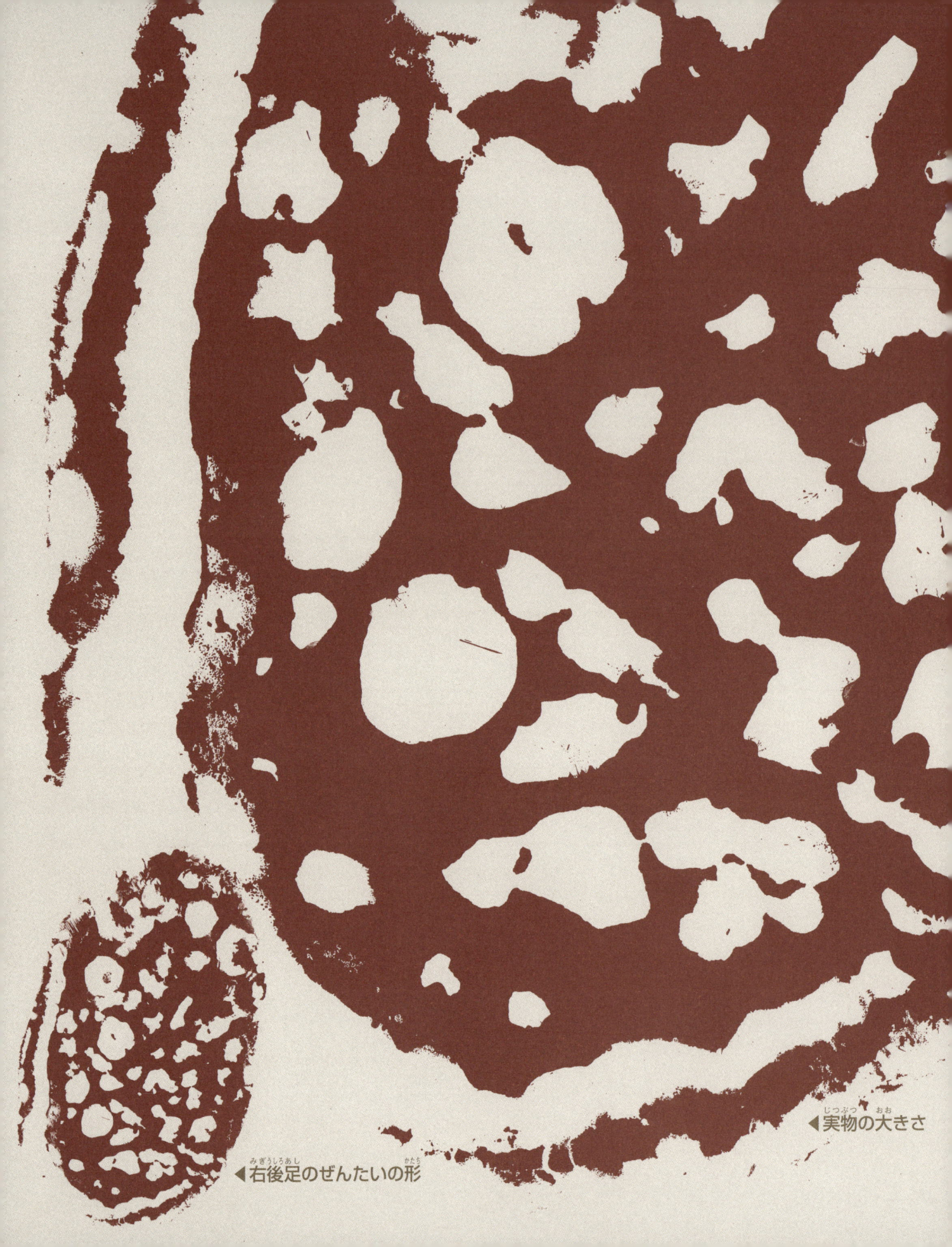

◀実物の大きさ

◀右後足のぜんたいの形